Ibrahim Vahyala
Godwin Dhuye Nelson

Distribuição espacial de depósitos rudáceos (cascalheiras)

Ibrahim Vahyala
Godwin Dhuye Nelson

Distribuição espacial de depósitos rudáceos (cascalheiras)

ScienciaScripts

Imprint

Any brand names and product names mentioned in this book are subject to trademark, brand or patent protection and are trademarks or registered trademarks of their respective holders. The use of brand names, product names, common names, trade names, product descriptions etc. even without a particular marking in this work is in no way to be construed to mean that such names may be regarded as unrestricted in respect of trademark and brand protection legislation and could thus be used by anyone.

Cover image: www.ingimage.com

This book is a translation from the original published under ISBN 978-3-659-86640-1.

Publisher:
Sciencia Scripts
is a trademark of
Dodo Books Indian Ocean Ltd. and OmniScriptum S.R.L publishing group

120 High Road, East Finchley, London, N2 9ED, United Kingdom
Str. Armeneasca 28/1, office 1, Chisinau MD-2012, Republic of Moldova, Europe
Managing Directors: Ieva Konstantinova, Victoria Ursu
info@omniscriptum.com

Printed at: see last page
ISBN: 978-620-8-55933-5

ÍNDICE DE CONTEÚDOS

CAPÍTULO 1

INTRODUÇÃO

Antecedentes

O termo "variante de solo" é utilizado para descrever uma situação em que um solo pertencente a uma ordem de solo completamente diferente ocorre dentro de uma ordem de solo principal numa escala que não é suficientemente grande para ser cartografada como uma unidade de solo separada. Um exemplo comum de tal ocorrência na área do governo local de Girei (LGA) do estado de Adamawa (Nigéria), são os depósitos de Rudite (cascalhos de Bush) que ocorrem como variantes de solo em Alfisols.

O rudito é composto por fragmentos de rocha não consolidados que têm uma classe de tamanho de partícula que vai desde grânulos a fragmentos do tamanho de pedregulhos. O cascalho foi classificado pela escala de Udden-Wentworth em cascalhos granulares (2 a 4 mm ou 0,079 a 0,157 polegadas) e cascalhos de seixos (4 a 64 mm ou 0,2 a 2,5 polegadas). Uma jarda cúbica de cascalho pesa normalmente cerca de 3000 libras, enquanto um metro cúbico pesa cerca de 1800 quilogramas (Harland et al., 1996). A rudite é um produto comercial importante, com uma série de aplicações. Muitas estradas são pavimentadas com gravilha, especialmente nas zonas rurais onde há pouco tráfego. A a Rússia nível mundial, há muito mais estradas revestidas com gravilha do que com betão ou alcatrão; só tem mais de 400 000 km de estradas de gravilha (http://www.braenstone.com/crushed-stone/quarry-process-qp-dga/).

Os grandes depósitos de cascalho são uma caraterística geológica comum, sendo formados como resultado da meteorização e erosão das rochas. A ação dos rios e das ondas tende a acumular cascalho em grandes acumulações. Isto pode, por vezes, resultar na compactação do cascalho e na sua concretização numa rocha sedimentar chamada conglomerado. Quando os depósitos naturais de gravilha são insuficientes para fins humanos, a gravilha é frequentemente produzida através da extração e trituração de rochas resistentes, como o arenito, o calcário ou o basalto. As pedreiras onde o cascalho é extraído são conhecidas como cascalheiras. O Sul de Inglaterra possui concentrações particularmente grandes destas pedreiras devido à deposição generalizada de gravilha na região durante a Idade do Gelo (Harland et al., 1996).

Declaração do problema

Os Alfisols foram documentados como a principal ordem de solos em Girei (Zata et. al., 2005). Existe uma pressão visível sobre este solo em particular devido ao interesse concorrente na sua utilização para a produção de culturas, infra-estruturas (urbanização) e reservas de pastagem (rotas de gado). Existem também vastas distribuições de cascalheiras que ocorrem nestes Alfisols. A extensão e o padrão da sua distribuição não foram estudados. Nos locais onde predominam os solos cascalhentos, a vida vegetal é geralmente mais escassa. Este resultado deriva da capacidade inferior dos cascalhos para reter a humidade, bem como da correspondente escassez de nutrientes minerais, uma vez que os solos mais finos que contêm esses minerais estão presentes em menor quantidade. A lavoura destas áreas para fins agrícolas é difícil, porque os cascalhos podem facilmente danificar a charrua e outras partes da maquinaria agrícola. Na maioria dos casos, as áreas onde os cascalhos foram escavados ficam nuas e propensas à erosão.

Importância do estudo

Atualmente, não existe um guia de utilização das terras para os solos de Girei. É necessário avaliar todos os aspectos destes solos para um planeamento adequado da utilização dos solos. Este estudo centrou-se num aspeto: caraterizar a ocorrência e a distribuição dos depósitos rudáceos de Girei LGA, de modo a fornecer informações e dados de base às partes interessadas e aos decisores políticos, para um processo correto de tomada de decisões sobre a utilização dos recursos terrestres nestes locais.

Objectivos do estudo

i. Identificar e geo-marcar depósitos de Rudites em pequena e grande escala no Girei L.G.A.

ii. Caracterizar as propriedades físicas e morfológicas dos depósitos rudáceos.

iii. Identificar e recomendar fontes que possam ser exploradas em escala económica para utilização na construção.

CAPÍTULO 2

Classificação e caraterização de Rudites

Definição

Não existe um consenso universal sobre a percentagem de material de classe de tamanho superior a 2 mm que deve estar presente num depósito antes de ser classificado como rudito. Quando existe uma mistura de lama, areia e cascalho, recomenda-se que a rocha contenha mais de 30% de clastos com tamanho superior a 2 mm antes de se utilizarem os termos Cascalhos, Conglomerados e Brechas. No campo ou no laboratório, é necessário primeiro tentar estimar a percentagem de cascalho, areia e lama presentes no material antes de fazer referência às classes indicadas na figura 1. O julgamento sobre se um conglomerado argiloso é um till (ou seja, de origem glacial), ou um aglomerado ou cinza lapilli (ou seja, de origem vulcânica) deve aguardar uma descrição pormenorizada da sua composição e da forma dos seus clastos e a consideração do seu conteúdo global (Gustavson, 1984).

Composição e "estrutura" sedimentar em Rudites

De acordo com Collinson e Thompson (2006), o termo "estrutura" sedimentar é interpretado de forma ampla para incluir várias propriedades de massa que incluem caraterísticas texturais

i. Caraterísticas baseadas na composição.

ii. Caraterísticas como a forma, a circularidade e a morfologia da superfície dos clastos constituintes.

iii. Estratificação e estratificação cruzada.

iv. As caraterísticas baseiam-se na triagem da distribuição granulométrica e no sistema de suporte de clastos.

v. Caraterísticas baseadas no tecido, na embalagem e na porosidade.

vi. Presença e tipo de leito graduado.

As duas primeiras propriedades podem ser registadas em qualquer levantamento preliminar e fornecem conteúdos úteis sobre a proveniência (as regiões de origem) e a história do transporte dos clastos. As últimas cinco propriedades exigem uma atenção especial se o objetivo for compreender os processos e ambientes de deposição.

Uma das primeiras propriedades a registar no campo é a composição dos clastos maiores, que permite conjecturas preliminares úteis sobre a sua possível proveniência e os seus processos de origem, por exemplo, se as rochas podem ser piroclásticas. Outras observações dizem respeito ao facto de o material ser originário da bacia de deposição e ter sido erodido pré-contemporaneamente, ou seja, ser intra-formacional (talus de recife), ou provir de uma área de origem de rochas mais antigas, ou seja, ser extra-formacional ou exótico. A nomenclatura dos ruditos, tal como se mostra na figura 1 (A), refere-se a ruditos consolidados, tal como revelado pelas proporções das dimensões dos grãos dos clastos que os compõem (modificado de Piper & Rogers 1980). A figura 1 (B) mostra as rochas piroclásticas, tal como definidas pelas proporções das dimensões dos grãos dos clastos que as compõem.

Identificação incorrecta de Rudites

Observou-se também que algumas rochas que tinham sido classificadas como Rudites foram mais tarde descobertas como materiais não rudáceos após uma análise pormenorizada dos materiais, no entanto, foram descritas como "pseudo-conglomerado" ou "pseudo-brácias" Collinson e Thompson (2006). Pensa-se que estes materiais têm origem no crescimento digenético in-situ (concreções), na rutura tectónica (por exemplo, brechas de falha) ou simplesmente na meteorização (por exemplo, blocos de Clorerite de meteorização esferoidal rodeados por matriz argilosa alterada). Do mesmo modo, elementos que se pensava serem clastos revelaram-se mais tarde como vestígios fósseis, por exemplo, preenchimentos de tocas arredondadas.

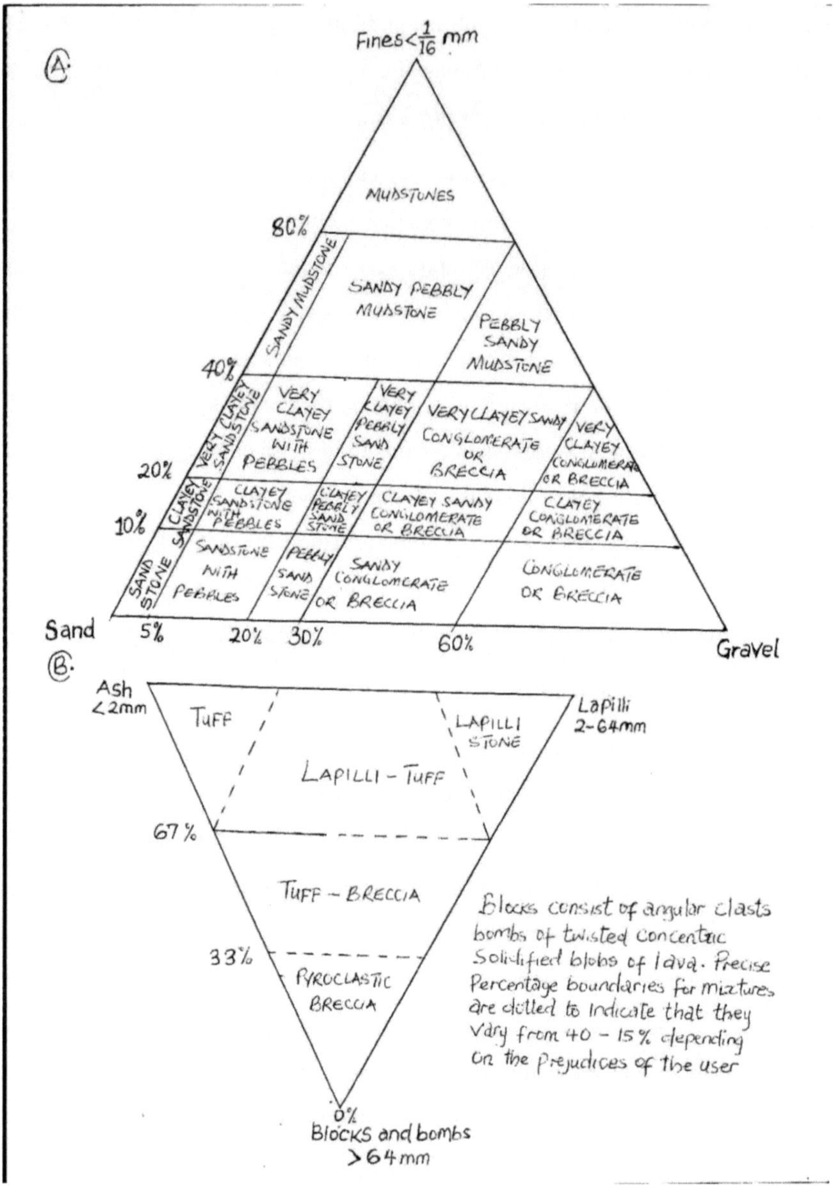

Figura 1 Nomenclatura das Rudites

(Retirado de Collinson e Thompson, 2006)

Morfologia e configurações gerais da deposição de cascalho

A grande granulometria do cascalho impede a formação de muitas das formas e estruturas de leito que são comuns nas areias. Por exemplo, as ondulações não se formam em clastos cujo diâmetro se aproxima do tamanho da própria ondulação. Grandes dunas podem, no entanto, formar-se em areias grossas com componentes subsidiárias de cascalho. Em certos rios, são conhecidas dunas subaquáticas inteiramente constituídas por cascalho fino. As caraterísticas morfológicas desenvolvidas nos cascalhos são relativamente grandes e podem ter tecidos de empacotamento distintos desenvolvidos no seu interior ou sobrepostos a eles. Estes tecidos constituem geralmente a base da interpretação de cascalhos e conglomerados antigos (Harland et al., 1996).

Ao contrário das areias, não existe um esquema abrangente para os cascalhos, em que a ocorrência de determinadas formas de leito possa ser relacionada com condições de fluxo e tamanhos de grão específicos. Mas, cada vez mais, estes depósitos grosseiros são interpretados como produtos de dois grandes conjuntos de processos associados a fluxos gravitacionais de sedimentos. Os processos e estruturas de deposição foram relativamente pouco estudados até há pouco tempo. O aumento do conhecimento dos processos ao longo do tempo tornou mais claras as caraterísticas a observar, medir e registar. Uma razão prática para isso é a dificuldade de fazer observações diretas de tais sedimentos enquanto estão a ser arrastados, transportados e depositados em rios, leques aluviais, taludes de recifes, praias de tempestade, desfiladeiros submarinos e encostas não vulcânicas. A instalação de armadilhas de sedimentos nos leitos dos cursos de água pode fornecer informações úteis sobre as taxas de transporte durante as cheias, mas pouco mais diz sobre o estilo de transporte e deposição (Collinson e Thompson, 2006).

Vários investigadores adoptaram e experimentaram uma monitorização diária da subida e descida diurna da descarga nas formas do leito em zonas de outwash pró-glaciais, e o seu trabalho revelou que tanto a morfologia da superfície como as estruturas internas foram observadas em trincheiras. Estes métodos só podem ser aplicados em locais acessíveis e expostos ao ar. As experiências laboratoriais em cascalhos são cada vez mais tentadas, mas têm sido limitadas pela necessidade de construir grandes e dispendiosos canais ou tanques de ondas. Mesmo assim, as escalas dos fluxos e das estruturas são muito mais pequenas do que os fenómenos reais. A análise cuidadosa que permitiu estes avanços envolveu o registo dos contactos do leito, espessura do leito, a presença de estrutura ou suporte métrico e o tamanho dos grandes clastos (Gustavson, 1984).

Canais fluviais

Os cursos de água com leitos de cascalho apresentam normalmente padrões muito variáveis de barras e canais. Nos rios entrançados, as barras (alongadas paralelamente ao fluxo) dividem o curso de água em várias escalas. A deposição ocorre nos topos planos das barras, onde os seixos se alojam num empacotamento imbricado, e nas extremidades a jusante, onde a avalancha dá origem a leitos transversais. O relevo das barras varia de lâminas lobadas, com apenas um clastos, a formas de vários metros de altura. Nos cursos de água mais sinuosos, o cascalho acumula-se em barras laterais ou pontuais. Nos rios maiores, as barras são geralmente compostas de elementos mais pequenos e os corpos de cascalho resultantes são complexos, lençóis tabulares. Os preenchimentos dos canais são mais restritos em extensão e podem parecer lensoides. As zonas mais profundas do canal apresentam frequentemente leitos cobertos de cascalho grosseiro, mas este facto pode ser mascarado por sedimentos mais finos depositados durante a descida da fase do rio, quando o leito é observado sub-aéreo exposto na fase baixa (Collinson e Thompson, 2006).

Ventoinhas e declives acentuados

As inundações episódicas em leques aluviais dão origem a línguas e lóbulos localizados de sedimentos grosseiros depositados por fluxos de lama ou como depósitos de peneira. Nos fluxos de lama, a presença de sedimentos de grão fino confere ao fluxo uma elevada viscosidade e densidade. Nos depósitos resultantes, os grandes clastos geralmente "flutuam" numa matriz mais fina. Os lóbulos de cascalho são produzidos por um processo de peneiração quando a água que transporta os cascalhos se afunda num substrato permeável e deixa cascalho suportado por clastos à superfície. Em encostas muito íngremes, blocos de rocha soltos caem e formam cascalhos. Este material tende a ser angular e podem desenvolver-se declives até $35^{(o)}$, muito mais acentuados do que o ângulo normal de repouso. Estes depósitos têm um baixo potencial de preservação em ambientes sub-aéreos.

Deltas de ventoinha

Quando um leque aluvial rico em cascalho se desenvolve numa massa de água, como um lago ou o mar, pode formar-se um delta local em forma de cunha, rico em cascalho. O cascalho não é facilmente redistribuído pelas ondas e correntes, e forma-se um declive íngreme do delta no ângulo de repouso ou próximo dele. Parte do cascalho pode ser transportado para águas mais profundas por processos de fluxo gravitacional de sedimentos.

Linhas costeiras

Os detritos no sopé das arribas são rapidamente desfeitos e transportados, permitindo que o ataque das ondas prossiga. A acumulação de cascalho é sobretudo importante nas praias, nomeadamente nas praias de tempestade. Estas cristas de cascalho são geralmente lineares, mas são geralmente muito bem selecionadas e os clastos são bem arredondados. Se forem achatados, os clastos apresentam uma inclinação subparalela.

Ventiladores de águas profundas

No sopé dos grandes taludes submarinos, as correntes de turbidez e outros fluxos gravitacionais de sedimentos podem levar à colocação de cascalhos, nomeadamente perto da embocadura dos desfiladeiros submarinos, quer como lóbulos quer como enchimento de canais.

Recifes e ambientes associados

Nas frentes íngremes dos recifes, batidas pelas ondas do mar, caem e acumulam-se clastos de carbonato irregulares, por vezes de grandes dimensões e compostos por material recifal. Estas cunhas com inclinação acentuada (até 40^{0}) compreendem estruturas interligadas com porosidades iniciais elevadas (até 40%). Estes depósitos têm um elevado potencial de preservação e são bem estudados no registo antigo.

Configurações glaciares e associadas

Os glaciares transportam sedimentos de todos os tamanhos e depositam-nos numa variedade de locais, com e sem a ajuda da água. Alguns detritos são despejados diretamente do gelo derretido sob a forma de lama, enquanto outros materiais de granulometria grosseira caem de icebergues flutuantes e de plataformas de gelo para dar origem a pedras de queda isoladas. O material depositado de forma sub-aérea e sub-aquática a partir do gelo derretido é normalmente sujeito a um movimento e deposição adicionais por fluxos de lama. A água de fusão que flui no interior, acima, abaixo ou lateralmente a um glaciar pode selecionar, transportar e depositar corpos de areia e cascalho, tais como Kames, Eskers e planícies de afloramento. Estes cascalhos são mais bem selecionados do que os depositados diretamente pelo gelo.

Depósitos associados a vulcões

Os detritos grosseiros ejectados durante as erupções vulcânicas acumulam-se como nas folhas de espalhamento e como corpos mais restritos. Os processos autoclásticos geram clastos através da desagregação mecânica e da explosão gasosa durante o movimento do magma e da lava: ocorrem processos hialoclásticos quando a lava é extinta e fragmentada ao entrar na água. Os sedimentos ou gelo saturados de água e os detritos piroclásticos são produzidos pela explosão do magma e das rochas do campo. Estes últimos são provenientes de depósitos de queda piroclástica subaquosos e subaéreos, que incluem muitas pedras de queda que deformam os estratos subjacentes. Os depósitos de fluxos piroclásticos são transportados em massa, alguns deles como correntes de densidade de surto de base. Muitos fragmentos piroclásticos misturam-se durante o transporte com depósitos siliciclásticos e carbonáticos "normais" e são ressedimentados como conglomerado epiclástico.

ESTRUTURA, CARACTERÍSTICAS DESCRITIVAS E MODO DE FORMAÇÃO

É útil registar a composição, a cor, a forma e as caraterísticas da superfície dos clastos em Rudites, mas as descrições de outras caraterísticas merecem geralmente a maior atenção quando se trata de compreender os processos e ambientes de deposição.

Arredondamento, esfericidade e caraterísticas da superfície dos clastos

Com a experiência, a esfericidade e a redondeza podem ser avaliadas visualmente e os clastos classificados com bastante exatidão no campo; esta experiência é melhor adquirida no laboratório, medindo e estimando os parâmetros de esfericidade e de redondeza e referindo os clastos às categorias de forma concebidas por Zingg. As classes de circularidade podem ser indicadas por termos descritivos ou pelas escalas numéricas de potências de Pettijohn. A experiência de medir e manusear clastos individuais de várias formas é importante para apreciar as suas propriedades tridimensionais, uma vez que os clastos são normalmente vistos a duas dimensões em muitas exposições de rochas (Frostick e Reid, 1980).

Algumas formas sugerem processos de origem que permitem fazer conjecturas sobre o ambiente ou a história do transporte do sedimento, que podem depois ser testadas por outros meios. Os clastos de faces planas com duas, três ou quatro facetas, cuja superfície lisa pode ser esburacada, canelada e polida, são conhecidos como Ventifactos, ou seja, objectos moldados pelo vento e jateados com areia. Na maioria dos casos, os ventifactos serão laminados e retrabalhados em depósitos posteriores, mas ocasionalmente podem ser encontrados in situ. Seixos semelhantes, mas não polidos e não estriados, podem ser produzidos por jato húmido. Os seixos duros, de ferro plano, com riscos paralelos ou subparalelos e arestas arredondadas registam a abrasão glacial e a sua atribuição antes da deposição. Os materiais mais macios podem ser riscados em vários ambientes. As concentrações de seixos bem desgastados, com superfície mate e em forma de disco tornam-se geralmente mais comuns à medida que se passa de rios com praias de baixa energia para rios com praias de alta energia. Este facto deve-se ao aumento das taxas de abrasão por deslizamento. Os seixos esferoidais altamente arredondados surgem através de abrasão constante, atrito e retrabalho, diminuindo a esfericidade e aumentando a redondeza de ambientes fluviais para ambientes de marés de baixa e depois de alta energia. Os índices de esfericidade e de circularidade são uma medida da maturidade dos sedimentos. Note-se, no entanto, que é mais difícil, em condições constantes, arredondar areia ou pequenos seixos do que arredondar grandes clastos. Anéis de percussão devidos a colisões de alta velocidade são visíveis na superfície de alguns clastos (Greensmith, 1988).

As formas assumidas pelos seixos variam naturalmente em função da sua origem. Muitos cascalhos e conglomerados contêm seixos de segunda mão derivados de rochas rudáceas mais antigas. É apenas considerando os seixos que foram recentemente derivados de rochas não rudáceas, e que foram moldados inteiramente num ambiente, que podemos obter qualquer ideia verdadeira das formas caraterísticas da abrasão sob determinadas condições. Tecnicamente, é necessário distinguir entre a forma e a redondeza dos fragmentos. A forma pode ser descrita como tabular (oblata), em lâminas (rolo) ou esférica (equante), ou pode ser descrita em termos de grau de esfericidade. A redondeza diz respeito à nitidez dos cantos e arestas e é considerada independente da forma.

Cinco classes reconhecidas por Greensmith (1988);

i. *Angular* - pouca ou nenhuma evidência de desgaste, cantos e arestas afiados.

ii. *Sub-angular* - desgastado com preocupações e arestas que começam a ser arredondadas.

iii. *Sub-arredondado* - desgaste considerável; cantos e arestas arredondados para curvas suaves. iv. *Arredondado* - todos os cantos são suavizados em curvas largas.

v. *Bem arredondado* - sem zonas planas; toda a superfície é constituída por curvas amplas.

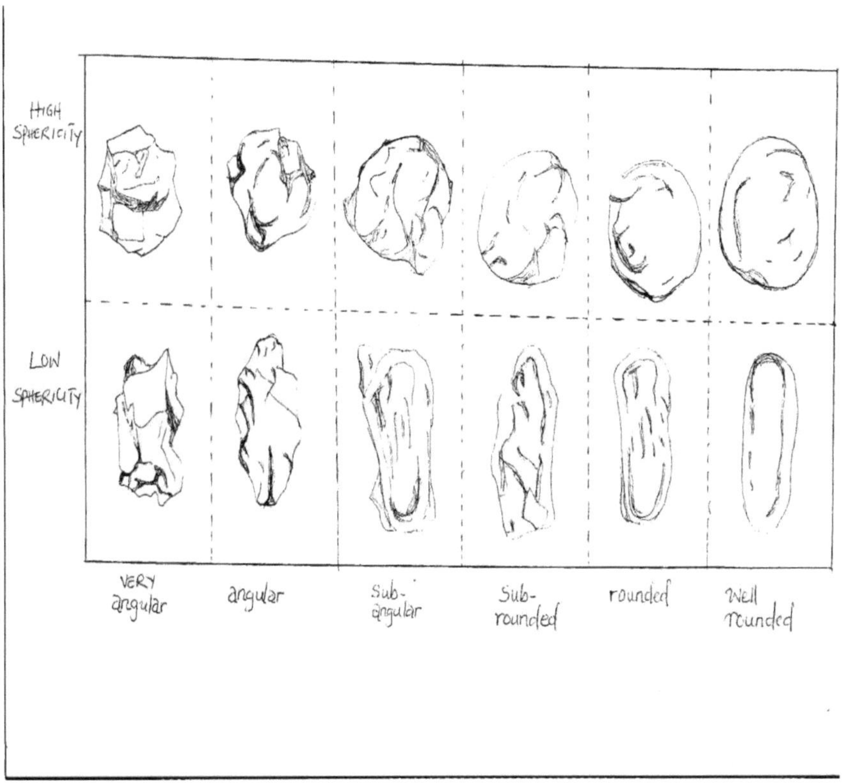

Figura 2 Gráfico de circularidade e esfericidade para pedras, seixos e grãos

(Retirado de Greensmith, 1988)

Triagem, distribuição granulométrica, caraterísticas dos clastos

A desagregação e a peneiração dos cascalhos e a determinação da sua distribuição granulométrica são raramente tentadas, mesmo em laboratório. Quando os conglomerados antigos estão bem cimentados, a tarefa é impossível. No entanto, é importante estimar e descrever as suas caraterísticas de uma forma aproximada. Em primeiro lugar, pergunte a si próprio se determinados leitos estão bem ou mal classificados e registe se existem modos claros de tamanho de grão. Muito frequentemente, existe um modo no tamanho de seixos e calhaus e outro no tamanho de areia; assim, a rocha é bimodal; o termo clastos é aplicado ao modo grosseiro e matriz ao fino. Alguns depósitos são unimodais e bem ordenados, sem uma matriz bem definida e, por conseguinte, com porosidade (>40%) e permeabilidade muito elevadas. Outros leitos são unimodais e mal ordenados, e outros são polimodais.

Em segundo lugar, determinar se os depósitos são clastos ou suportados por uma matriz. Os clastos maiores estão em contacto uns com os outros, formando uma estrutura, ou estão dispersos numa matriz? Isto nem sempre é fácil de avaliar num afloramento bidimensional sem desagregar a rocha. A procura de reentrâncias de um clastos por outro (i.e., pressão) pode ajudar. Os conglomerados de estrutura sem matriz, suportados por clastos, têm geralmente uma elevada porosidade e permeabilidade, e o termo trabalho aberto é utilizado para os descrever. Em alternativa, se os clastos estiverem dispersos e suportados pela matriz, tentar determinar se a matriz de suporte é de areia (por exemplo, num conglomerado arenoso), pelo que a rocha pode ser muito porosa e permeável, ou de lama (por exemplo, num till ou onde os seixos são pedras de queda glaciares ou vulcânicas dentro de lamas marinhas ou lacustres), pelo que a rocha pode ter uma porosidade e permeabilidade variável, mas geralmente baixa. As distinções feitas nos dois últimos parágrafos fornecem a base para uma classificação dos Rudites em ortoconglomerado e paraconglomerado. Na natureza, os conglomerados parecem variar de estruturas preenchidas a paraconglomerados que são mal classificados, suportados pela matriz e com uma distribuição de tamanho muito variável Greensmith (1988).

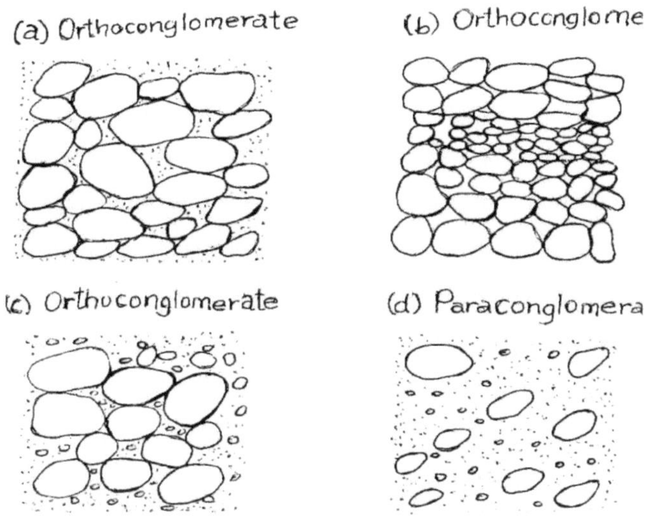

Figura 3 Caraterísticas descritivas da seleção e distribuição de tamanhos em rudites.

Existe um espetro na natureza entre os tipos (a) e (d): (a) Bimodal; estrutura suportada por clastos, matriz bem selecionada. (Ortoconglomerado); (b) Estrutura de trabalho a céu aberto suportada por clastos (Ortoconglomerado); (c) Polimodal; estrutura suportada por clastos; matriz mal ordenada (ortoconglomerado); (d) Polimodal; matriz suportada; sem estrutura (paraconglomerado).

(Adotado de Collinson e Thompson, 2006; depois de Walker em Harms et al, 1975)

Classificação de Rudites

Os principais estilos de classificação aplicam-se igualmente aos cascalhos e conglomerados. A classificação por conteúdo ou por distribuição é comum nos ruditos normalmente classificados. A classificação inversa é muito mais comum nos ruditos do que nas areias. Isto pode dever-se ao facto de os grandes clastos subirem devido a pressões dispersivas ou à perda progressiva de grandes clastos da parte inferior e mais fortemente cisalhada do fluxo. Os leitos não graduados indicam geralmente uma elevada resistência ao cisalhamento ou uma elevada viscosidade, impedindo assim a turbulência e uma interação eficaz entre os grãos . A classificação normal sugere geralmente que a turbulência se desenvolveu durante a deposição. A classificação lateral do tamanho dos grãos é por vezes notada, especialmente em ortoconglomerados. Por vezes, especialmente em rochas vulcânicas, a gradação da densidade (composição dos clastos) deve ser considerada separadamente da gradação da dimensão, especialmente quando se trata de pedra-pomes ou outros clastos vesiculares.

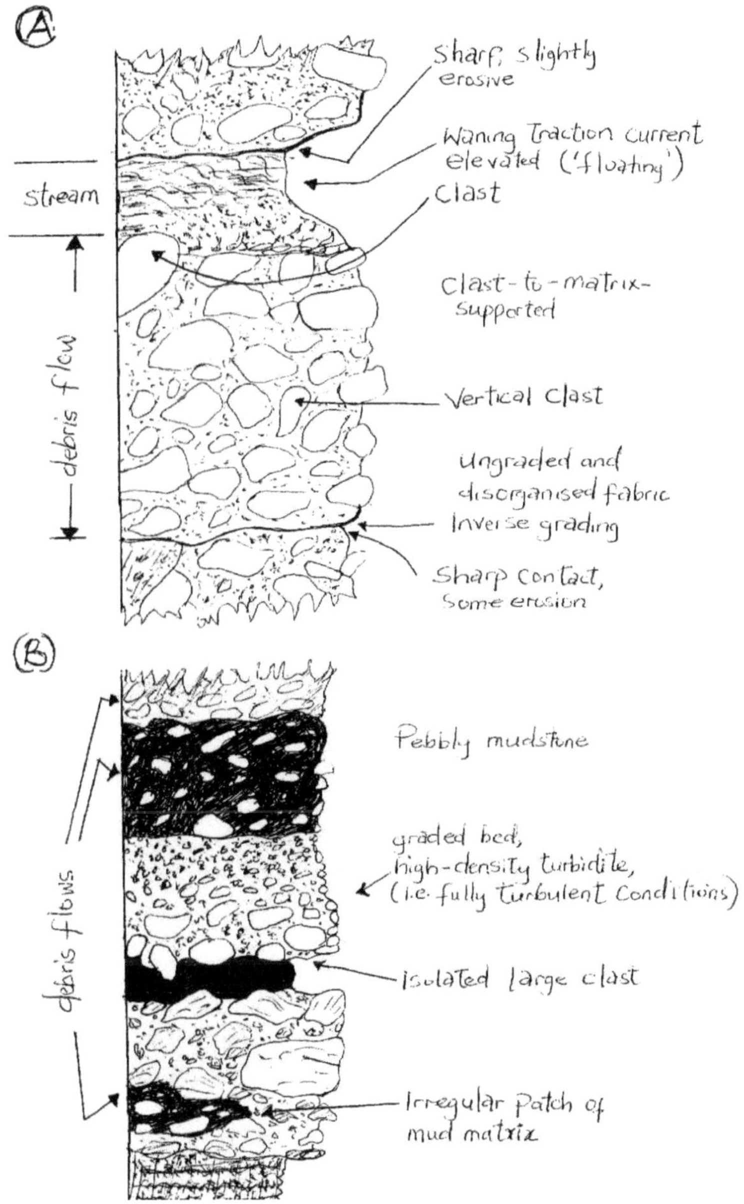

Figura 4 Classificação dos leitos (A) Cenário sub-aéreo (B) Cenário sub-aquoso

(Retirado de Collinson e Thompson, 2006)

CAPÍTULO 3

MATERIAIS E MÉTODOS

Localização da área de estudo

A Área de Governo Local de Girei do Estado de Adamawa, Nigéria, está situada na latitude 9^0 11^0 e 9^0 39^0 Norte e na longitude 12^0 21^0 e 12^0 49^0 Este (Adedayo e Tukur, 1999). A temperatura máxima é de cerca de 40^0 C e é normalmente observada em março, enquanto a temperatura mínima pode ser tão baixa como 18°C entre dezembro e janeiro. A temperatura média anual varia entre $26{,}9^0$ C e $27{,}8^0$ C. A precipitação anual varia entre 700-1000 mm, com meses húmidos de maio a outubro de cada ano. A área tem uma massa terrestre de cerca de 2.186 km^2 com uma população de 129.995 habitantes (Nation Population Commission, 2006). Girei fica adjacente ao rio Benue na sua fronteira sudoeste, enquanto a cadeia de montanhas Adamawa corre de norte a sul da sua fronteira oriental. As tribos da região incluem os Bwatiye que habitam em aldeias como Gereng, Ntambo e Labondo. Outras tribos incluem os Fulani e os Yungur. A principal ocupação das pessoas é a agricultura e a criação de gado. A ordem de solos dominante é Alfisols, com texturas de superfície arenosas e franco-arenosas. Os Alfisols são uma das ordens de solo mais importantes para a produção de alimentos e fibras. São amplamente utilizados na agricultura e na silvicultura e, em geral, são mais fáceis de manter férteis do que outros solos. As práticas agrícolas na zona são principalmente culturas arvenses como o milho, o painço, o sorgo, o arroz, o amendoim e o feijão.

Protocolos de campo e identificação de sítios

Foram identificados vários locais em que os agricultores locais cultivam culturas em estreita associação com depósitos rudáceos, através do exame físico dos locais e de entrevistas realizadas a alguns agricultores locais e camionistas que habitualmente extraem estes depósitos rudáceos (cascalhos de Bush) para venda a trabalhadores da construção civil. As coordenadas geográficas destes pontos foram registadas (UTM; WGS 84) e o seu padrão de distribuição e ocorrência foi cartografado utilizando o ArcGIS Versão 10.3 (Esri, 2014). Um total de seis sítios foram estudados neste trabalho e são listados a seguir;

i. Hollin I

ii. Hollin II

iii. Complexo Bukar Mele

iv. Jabbilamba

v. Fombina

vi. Bakalci

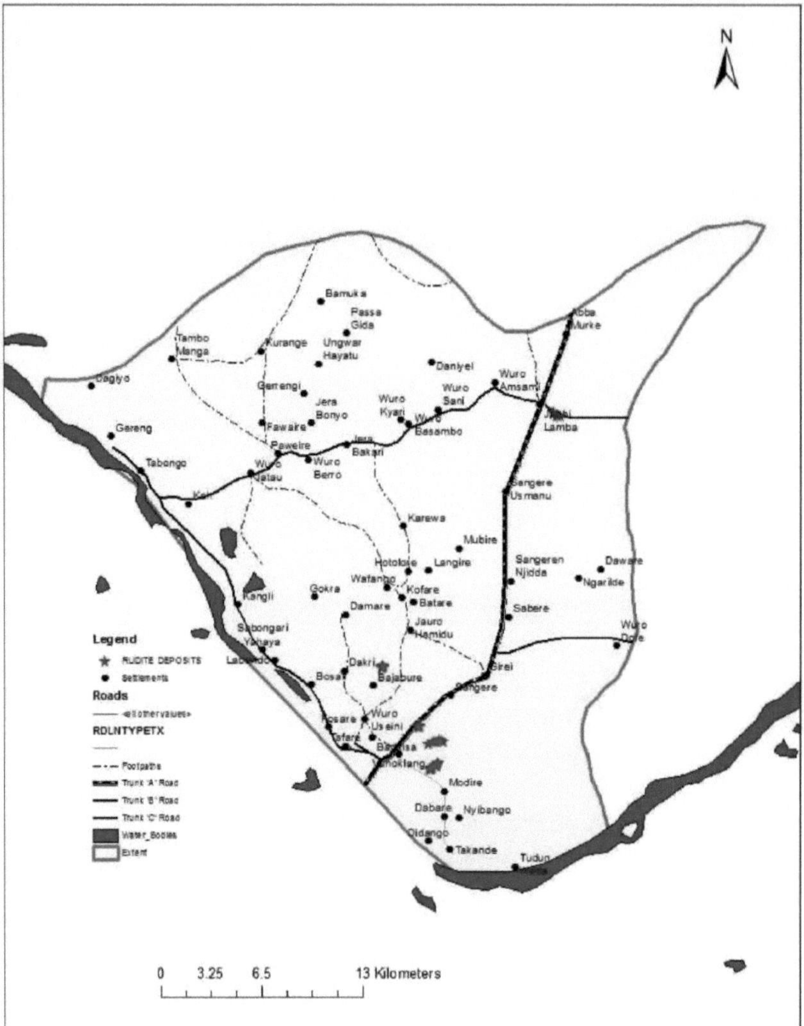

MAP OF GIREI SHOWING SITES OF RUDACEOUS DEPOSITS

Figura 5 Mapa da área de estudo

Protocolo laboratorial para análise granulométrica

Aparelhos

i. Amostras de cascalho seco

ii. Balança de pesagem (balança automática)

iii. Cinco (5) peneiras e uma panela (37,5 μm, 20,0 μm, 13,0 μm, 5,0 μm, 2,36 μm)

iv. Recipiente de plástico

v. Pesos dos blocos (100g, 200g, 500g, 1kg, 2kg, 5kg)

Procedimento

i. Limpar o pó e limpar as peneiras e o tabuleiro de modo a ficarem livres de qualquer sujidade contaminante

ii. Limpou a balança de pesagem automática e desligou as ventoinhas devido à elevada sensibilidade da balança de pesagem

iii. Obteve uma folha de dados de análise granulométrica para preencher com os resultados da leitura

iv. Pesar o recipiente vazio e tabelar a leitura

v. Pesar o recipiente vazio com a amostra e tabelar a leitura, adicionar pesos de bloco para ajustar a leitura na balança

vi. Pesar o stock vazio das peneiras e tabelar a leitura

vii. Organizar as peneiras por ordem crescente

viii. As amostras foram colocadas nos peneiros e sujeitas a vibração mecânica durante cerca de dez (10) minutos. Cada peneira foi pesada e registada em relação ao tamanho do peneiro

CAPÍTULO 4

RESULTADOS

Descrições morfológicas

Os resultados das descrições morfológicas são apresentados e resumidos na Tabela 1 abaixo. Os resultados sugerem uma mistura diversificada de todas as formas observáveis nos depósitos de rudite em toda a área de estudo. O sítio de Fombina e o complexo de BukarMele têm formas arredondadas excluídas na sua morfologia. O valor comercial destes materiais depende em grande medida da uniformidade do tamanho, especialmente daqueles que se aproximam do tamanho de 1/2 polegada. Uma mistura tão diversa de formas de agregados pode também sugerir falta de uniformidade de tamanho e, por isso, será necessário um grande esforço para separar as fracções após a extração, antes de comercializar os produtos. Os resultados da classificação dos agregados são apresentados na Tabela 7. A classificação indica os valores verdadeiramente calculados utilizados para qualificar os agregados.

Tabela 1 Descrições morfológicas

Localização	Angular	Sub-ansular	Sub-arredondado	Arredondado	Completa
Jabbilamba	Sim	Sim	Sim	Não	Não
Hollin I	Sim	Sim	Sim	Sim	Não
B.Fombina	Sim	Sim	Sim	Não	Não
Hollin II	Sim	Sim	Sim	Sim	Não
BM Complx	Sim	Sim	Sim	Não	Não
Bakalchi	Não	Sim	Sim	Sim	Sim

Chave: Angular: pouco ou nenhum sinal de desgaste, cantos e arestas afiados. Sub-angular: desgastado, com os cantos e arestas a começarem a ser arredondados. Sub-arredondado: desgaste considerável, cantos e arestas arredondados para curvas suaves. Arredondado: todos os cantos estão suavizados, formando curvas amplas.

Bem arredondado: sem zonas planas, toda a superfície é constituída por curvas amplas.

Dados sobre a análise granulométrica

Quadro 2 Análise granulométrica para Jabbilamba

Análise granulométrica	Jabbilamba
Localização:	BG 01
Número da amostra:	153 gm
Peso do contentor:	5153 gm
Peso. de recipiente Solo seco	
Peso. + de amostra seca	5000 gm

S/N	Micrómetro (µm)	Massa de vazio peneira (g)	Massa peneira terra Retido (g)	Solo +Retido (g)	Percentagem Retido	Percentagem Passagem
		___				100
1.	37.5	1598	3684	2086	41.72	58
2.	20.0	1512	2646	1134	22.68	36
3.	13.20	1570	2158	588	11.76	24
4.	5.0	1449	2252	803	16.06	8
5.	2.36	1234	1363	129	2.58	5
	Panela	792	1047	255	5.1	0

A partir da curva de distribuição de tamanho de grão:

$C_u = D_{60}/_{D(10)}$ (Coeficiente de uniformidade)

$C_c = (D_{30})^2/_{D(10)} X\ D_{60}$ (Coeficiente de curvatura)

A partir do gráfico traçado,

$D_{10} = 5{,}5$ mm $\qquad C_u = 38/5.5 = 6.9$

D_{30} = 15 mm $C_c = (15)^2 / 5,5 \times 38 = \underline{1,07}$

D_{60} = 38 mm Por conseguinte, C_u= 7 C_c = 1,07

Quadro 3 Análise granulométrica para Hollin I

Análise granulométrica

Localização: Hollin I

Número da amostra: BG 02

Peso do contentor: 153 gm

Peso do recipiente + solo seco 5153 gm

Peso da amostra seca 5000 g

S/N Micrómetro (µm)	Massa de vazio peneira (g)	Massa de peneira + terra Retido (g)	Solo Retido (g)	Percentagem Retido	Percentagem Passagem
___	___				100
1,37,5	1598	2715	1117	22,34	78
2,20,0	1512	3631	2119	42,38	35
3,13,20	1570	2114	544	10,88	24
4,5,0	1449	1714	265	5,3	19
5,2,36	1234	1294	60	1,2	18
Panela	792	1253	461	9,22	9

A partir da curva de distribuição de tamanho de grão:

$C_u = D_{60} / D_{(10)}$ (Coeficiente de uniformidade)

$C_c = (D_{30})^2 / D_{(10)} \times D_{60}$ (Coeficiente de curvatura)

A partir do gráfico traçado,

D_{10} = 200 mm $\qquad$ C_u = 28⁄200 = <u>0,14</u>

D_{30} = 16 mm $\qquad$ C_c = $(16)^2$⁄200 x 28 = <u>0,05</u>

D_{60} = 28 mm

Por conseguinte, C_u = 0,14 $\qquad$ C_c = 0,05

Tabela 4 Análise granulométrica para a Fombina

Análise granulométrica

Localização: Atrás da Fombina

Número da amostra: BG 03

Peso do contentor: 153 gm

Peso do recipiente + terra seca 5153 gm

Peso da amostra seca 5000 gm

S/N	Micrómetro (µm)	Massa do peneiro vazio (g)	Massa do peneiro + solo retido (g)	Solo Retido (g)	Percentagem Retido	Percentagem Passagem
___		___				100
1.	37.5	1598	3561	1963	39.26	61
2.	20.0	1512	2548	1036	20.72	40
3.	13.20	1570	1869	299	5.98	34
4.	5.0	1449	2209	760	15.2	19
5.	2.36	1234	1455	221	4.22	15
<u>Panela</u>		792	903	111	2.22	12

A partir da curva de distribuição de tamanho de grão:

$C_u = D_{60} / D_{(10)}$ (Coeficiente de uniformidade)

$C_c = (D_{30})^2 / D_{(10)} X D_{60}$ (Coeficiente de curvatura)

A partir do gráfico traçado,

$D_{10} = 0{,}7$ mm $C_u = 36/0{,}7 = 51$

$D_{30} = 10$ mm $C_c = (10)^2/0{,}7 \times 36 = 6$

$D_{60} = 36$ mm

Portanto, $C_u = 51$ $C_c = 6$

Quadro 5 Análise granulométrica para Hollin II

Análise granulométrica

Localização:	Hollin II
Número da amostra:	BG 04
Peso do contentor:	153 gm
Peso do recipiente + terra seca	5153 gm
Peso da amostra seca	5000 gm

S/N	Micrómetro (µm)	Massa do peneiro vazio (g)	Massa do peneiro + solo retido (g)	Solo Retido (g)	Percentagem Retido	Percentagem Passagem
		___				100
1.	37.5	1598	2635	1037	20.74	79
2.	20.0	1512	2712	1200	24.00	55
3.	13.20	1570	2124	554	11.08	44
4.	5.0	1449	1995	546	10.92	33

5. 2.36	1234	1319	85	1.7	32
Panela	792	1062	270	5.4	26

A partir da curva de distribuição do tamanho do grão:

$C_u = D_{60}/D_{(10)}$ (Coeficiente de uniformidade)

$C_c = (D_{30})^2/D_{(10)} X D_{60}$ (Coeficiente de curvatura) A partir do gráfico traçado,

$D_{10} = 310$ mm $C_u = 22/310 =$ 0,07

$D_{30} = 3,8$ mm $C_c = (3,8)^2/310 x 22 =$ 0,002

$D_{60} = 22$ mm

Por conseguinte, $C_u = 0,07$ $C_c = 0,002$

Quadro 6 Análise granulométrica para o complexo Bukar Mele

Análise granulométrica

Localização: Oppst. Complexo Bukar Mele

Número da amostra: BG 05

Peso do recipiente: 153 gm

Peso do recipiente + terra seca 5153 gm

Peso da amostra seca 5000 gm

S/N Micrómetro (µm)	Massa de vazio peneira (g)	Massa de peneira + terra Retido (g)	Solo Retido (g)	Percentagem Retido	Percentagem Passagem
___	___				100
1.37.5	1598	2746	1148	22.96	77
2.20.0	1512	2912	1400	28.00	49
3.13.20	1570	2086	516	10.32	39

4.5.0	1449	2002	553	11.06	28
5.2.36	1234	1368	134	2.68	25
Panela	792	909	117	2.34	23

A partir da curva de distribuição do tamanho do grão:

$C_u = D_{60}/D(10)$ (Coeficiente de uniformidade)

$C_c = (D_{30})^2/D(10) \times D_{60}$ (Coeficiente de curvatura)

A partir do gráfico traçado,

$D_{10} = 150$ mm $C_u = 25/150 = \underline{0,17}$

$D_{30} = 6,5$ mm $C_c = (6,5)^2/150 \times 25 = \underline{0,01}$

$D_{60} = 25$ mm

Por conseguinte, $C_u = 0,2$ $C_c = 0,01$

Placa 1 Depósitos rudáceos em Formbina

Placa 2 Depósitos rudáceos em Jabbilamba

Placa 3 Depósitos rudáceos em Hollin

Quadro 7 **CLASSIFICAÇÃO DOS AGREGADOS QFAG**

Localização	C. (coeficiente de uniformidade)	Classe de grau	C" (coeficiente de curvatura)	Classe de grau	Escala de escavação
Jabbilamba	7; 5-12%	GW-GM, SP-SC	1.1; <5%	GW,GP, SW, SP	Sacos locais
Hollin I	0.14; <5%	GW, GP, SW, SP	0.05; <5%	GW, GP, SW, SP	Camiões/sacos locais
Fombina	51; >12%	GM, GC, MC, SC	6; 5-12%	GW-GM, SP-SC	Camiões/sacos locais
Hollin II	0.07; <5%	GW,GP, SW, SP	0.002; <5%	GW,GP, SW, SP	Camiões/sacos locais
Complexo BM	0.17; <5%	GW,GP, SW, SP	0.01; <5%	GW, GP, SW, SP	Sacos locais

Chave:

a. Menos de 5% de aprovação do n.º 200; GW, GP, SW, SP

b. Mais de 12% de aprovação no n.º 200; GM, GC, SM, SC

c. De 5% a 12% passando o n.º 200; utilização de símbolos duplos como GW-GM, SP-SC

Onde: *GW = cascalho bem graduado* | *GM = Cascalhos siltosos*

GP = cascalho mal graduado | *GC = Cascalhos argilosos*

SW = Areias bem graduadas | *SM = Areias siltosas*

SP = Areias mal graduadas | *SC = Areias argilosas*

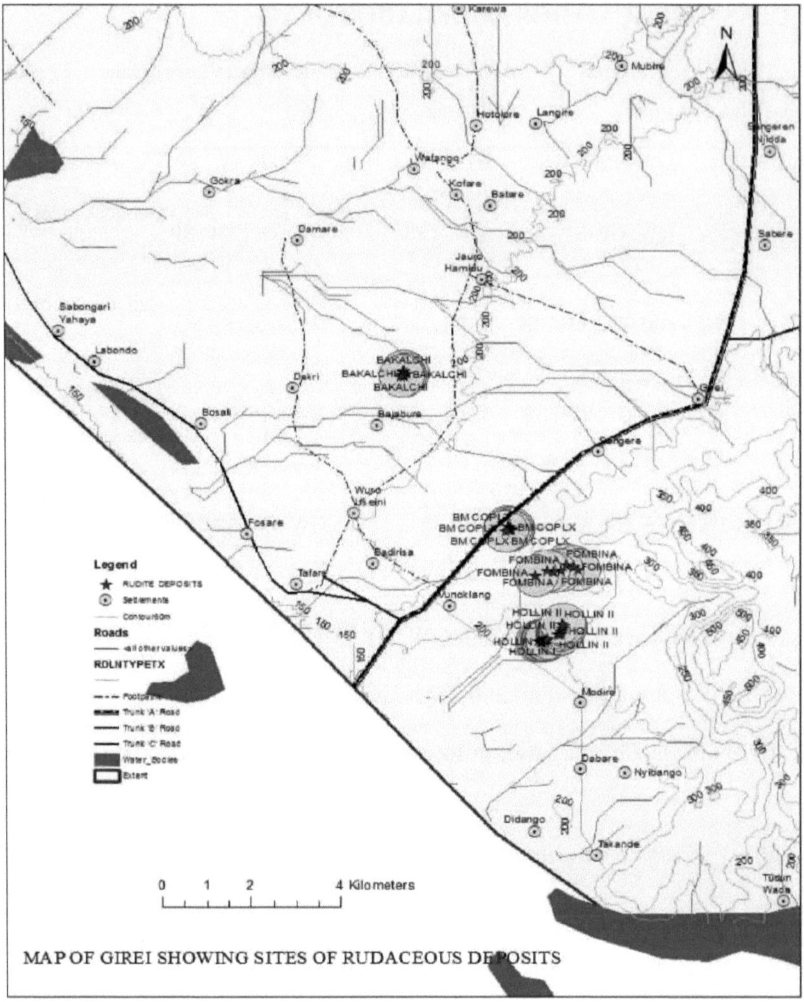

FIGURA 6. Mapeamento de tampão da extensão dos depósitos

CAPÍTULO 5

Discussões

Os materiais rudáceos têm muitas utilizações económicas, especialmente na indústria da construção, que vão desde misturas de betão para a construção de pontes, casas e estradas. Outras utilizações incluem a construção de barragens, a construção de condutas para a canalização de água ou a eliminação de resíduos. A extração ou mineração de cascalho tem sido um bom negócio para a população local, mas apenas indivíduos muito resistentes têm permanecido no negócio por mais de cinco anos devido ao esforço físico envolvido como resultado da falta de insumos tecnológicos. Nestas áreas estudadas, as pessoas escavam os cascalhos retirando-os do solo com escavadoras manuais e pás, e esmagam-nos até aos tamanhos desejados usando cinzéis e martelos. Utilizam peneiras mecânicas para separar estes materiais em vários tamanhos e classificam-nos em sacos de 50 kg nas zonas onde se pratica a extração mineira em pequena escala. Exemplos de tais locais são Jabbilamba e Bukar Mele Complex (ver tabela 7).

Noutros locais, a exploração mineira é realizada em maior escala, de modo que os materiais são separados em cargas de camião. Os trabalhadores locais, bem como os camionistas, geram bom dinheiro com este negócio. A escavação local é efectuada por pessoas que se dedicam a esta atividade. Utilizam ferramentas e instrumentos simples, como a escavadora e a pá, para escavar os depósitos de Rudites do interior do solo até à superfície do solo. O depósito apresenta-se em diferentes tamanhos, na sua maioria cascalhos maiores com misturas de areia e finos. Uma pedreira onde o cascalho é escavado é conhecida como um poço de escavação. Os mineiros locais utilizam bacias feitas de chapas de ferro com furos que servem de peneiras para separar os cascalhos da mistura de areias e finos. Os materiais peneirados são depois selecionados de acordo com os tamanhos e reunidos em pilhas individuais antes de serem comercializados aos utilizadores finais. As fracções muito maiores dos materiais são trituradas com cinzéis e martelos até atingirem as dimensões desejadas para a utilização pretendida.

Os trabalhadores, na sua maioria mulheres, são responsáveis pela trituração dos cascalhos maiores e pela sua montagem em ancas. Normalmente trabalham em grupos de dois ou mais, mas de forma independente. Um grupo de trabalhadores demora cerca de 2 a 3 semanas a separar e montar uma carga de camião de cascalho de Bush durante a estação seca; no entanto, durante a estação das chuvas, é necessário um período inferior a 2 semanas devido às condições húmidas do solo, que facilitam a escavação. Nalgumas localidades, são utilizados carrinhos de mão para transportar cascalho, mas a maior parte é para uso doméstico e em pequena escala. De acordo com uma fonte do local, um monte de cascalho custa entre sete (7) e nove (9) mil nairas da Nigéria. Os camiões (4 m^3) estão em vários destinos por cerca de vinte e cinco mil nairas nigerianas (N25.000,00). Isto implica que os proprietários dos camiões e os condutores exploram excessivamente os mineiros locais.

Os cálculos geoespaciais das áreas de depósitos aproximados foram cartografados assumindo um raio de proteção de 500 m a partir dos locais de escavação utilizando o ArcGIS. A análise do buffer mostrou que estes depósitos ocorrem ao longo de aproximadamente 8,5 km^2 (cobertura total da área). As estimativas de depósitos aproximados (quantidade de material) basear-se-iam nos limites de profundidade a que esses materiais foram observados. Infelizmente, este facto não foi tido em conta durante as nossas avaliações de campo no decurso deste estudo.

A presença de rudite no solo reduz o impacto da erosão do solo e pode ser utilizada para cobrir a superfície do solo lavado, especialmente em estradas secundárias no ambiente doméstico. Observou-se que as covas criadas durante estas operações e actividades expõem o solo à erosão, o que pode levar à acumulação de sedimentos em rios, lagos e outras massas de água, degradando assim o ambiente e resultando na perda da camada superficial do solo. O controlo da erosão deve ser tido seriamente em conta no desenvolvimento e planeamento das operações mineiras locais. A vegetação é um controlo amplamente utilizado para a erosão hídrica e eólica. As zonas-tampão de vegetação não perturbada, de largura variável, em torno das operações de extração podem aumentar a segurança e evitar problemas relacionados com a erosão. Se a exploração mineira invadir zonas urbanas e residenciais, as poeiras podem tornar-se uma preocupação.

Conclusão

Os sítios do complexo de Fombina e Bukar Mele têm formas arredondadas excluídas na sua morfologia. O valor comercial destes materiais depende em grande medida da uniformidade do tamanho, especialmente daqueles que se aproximam do tamanho de 1/2 polegada. Uma mistura tão diversa de formas de agregados pode também sugerir falta de uniformidade de tamanho e, por isso, será necessário um grande esforço para separar as fracções após a exploração mineira antes de comercializar os produtos . A distribuição do tamanho dos agregados é bem graduada nestes locais. Com o objetivo de se aventurar no negócio dos cascalhos do mato em Girei LGA, é altamente recomendável que as escavações não sejam feitas no Complexo Bukar Mele e em Fombina, mas sim nos outros quatro locais.

A recuperação de sítios mineiros abandonados deve ser utilizada para resolver o problema da erosão do solo devido à escavação de rudite. A recuperação progressiva é recomendada durante a exploração da mina, uma vez que pode levar dois a três anos para que o terreno volte a ter uma capacidade equivalente. Uma vez concluída a fase de desenvolvimento, a sobrecarga e o subsolo podem ser colocados diretamente nas áreas esgotadas da cava para obter a recuperação do nível de contorno. A recuperação deve centrar-se no restabelecimento de formas de relevo suaves, no estabelecimento de uma drenagem equivalente e na reconstrução de um solo aceitável.

REFERÊNCIAS

Adebayo, A. A. (1999). Clima 1: Sol, Temperatura, Evaporação e Humidade Relativa. Em Adamawa State in Maps.Adebayo, A.A. e Tukur, A.L (Editores) Paraclete Pub.Pp 20-22.

Barrel, J. 1995. Conglomerados marinhos e terrestres. Boletim da Sociedade Geológica da América **36**, 279-342.

Bates, R.L., e J.A. Jackson. 1987. *Glossário de Geologia.* 3ª edição. Alexandria, VA: Instituto Geológico Americano.

Bobrowsky, P.T., editor. 1998. *Aggregate Resources-A Global Perspective.* Roterdão, Países Baixos: A.A. Balkema.

Bluck. B. J. 1985, The sedimentary history of some Triasic conglomerates in the Vale of Glamorgan, South Wales. **Sedimentology4**, 225-45.

Bolen, W.P. 2002. Construction sand and gravel. Páginas 65.1-65.4 em *Minerals Year book.* Reston, VA: U.S.Geological Survey 2004. Areia e cascalho, construção Páginas 140-141 em *Mineral Commodity Summaries.* Reston,VA: U.S.Geological Survey.

Booth, D.B., K.G. Troost, J.J. Clague, e R.B. Waitt 2004. The Cordilleran ice sheet Pages 17-43 in *The Quaternary Period in the United States.* Editado por A. Gillespie, S.C. Porter, e B.Atwater. New York: Elsevier Press.

Carr, D.D., e W.M. Webb 1967. Sand and gravel exploration by thermal sensing of soil (Exploração de areia e cascalho por deteção térmica do solo). Editado por E.E. Angeno e R.G. Hardy. Páginas 32-38 em *Proceedings of the 3rd Forum on Geology of Industrial Minerals.* Publicação Especial 34.

Dicionário de Inglês Collins - 11ª edição completa e integral. Recuperado em 30 th de agosto de 2012 de CollinsDictionary.com

sítio Web: http://www.collinsdictionary.com/dictionary/english/gravel

Culley, R.W. 1973. Utilização de levantamentos de resistividade aerotransportada para localização de cascalho. *Canadian Mining and Metallurgical Bulletin* 66(773):70-74.

Dake, C.L., 1918, The sand and gravel resources of Missouri, Missouri Bureau of Geology and Mines, vol 15, 2nd series, 274p.

Dryer,R.M. 1976. Construction minerals.Pages 578-588 in *Economics of the Mineral Industries.* 3ª edição. Editado por W.A. Vogely. New York: AIME.

Dunn,J.R. 1991. Geology and exploration.Pages 4.1-4.5 in *The Aggregate Handbook* Editado por R.D. Barksdale. Washington, DC: National Stone Association.

Dunn,J.R., e W.E. Cutcliffe. 1971. Seleção de depósitos de agregados - uma visão geológica. *Rock Products* 74(3):75-79.

Ellefsen, K.J., J.E. Lucius, e D.V. Fitterman. 1998. *An Evaluation of Several Geophysical Methods for Characterizing Sand and Gravel Deposits (Avaliação de Vários Métodos Geofísicos para Caracterizar Depósitos de Areia e Cascalho).* Relatório de arquivo aberto 98-221. Serviço Geológico dos EUA.

Frostick, L. E. e I. Reid 1980, Sorting mechanisms in coarse grained alluvial sediments: fresh evidence from a basalt plateau gravel,Kenya, *Journal of the G eological Society of London* **137**, 431-41.

Serviço Geológico do Kansas. Divisão de Minerais e Geologia do Colorado. 1998. *In-Stream Aggregate Extraction and Reclamation Guidance Document.* Denver, CO: Division of Minerals and Geology.

Greensmith, J. 1988. Petrology of Sedimentation Rocks (7ª Edição). UNWIN HYMAN, Londres.

Gustavson, T. C. 1984. Sedimentação em leques de outwash de cascalho, Malaspina Glacier Foreland, Alasca. *Journal of Sedimentary Petrology44*,374-89.

Harland, W. B., K.N. Herod & D. H. Krinsley 1996. The definition and identification of tills and tillites.*Earth Science Reviews2*, 225-56

Krumbein, W. C. 1981. Os efeitos da abrasão no tamanho, forma e arredondamento de fragmentos de rocha. *Journal of Geology49*, 482-520.

Michael Hogan, C. 2010. *Fator abiótico.* Enciclopédia da Terra.eds Emily Monosson e C. Cleveland. Conselho Nacional para a Ciência e o Ambiente. Washington DC.

Resumos de produtos minerais industriais 2006-2009Areia e cascalho (sílica): Produção mundial , por país 2009.

http://www.braenstone.com/crushed-stone/quarry-process-qp-dga/

Neuendorf, K.K., Mehl Jr., James P., e Jackson, J.A. (Editores), 2011 Glossário de geologia. Instituto Americano de Geociências, Alexandria, VA, 783p.

Thrush, Paul W. (editor), 1968, A dictionary of mining, mineral, and related terms, U.S. Dept. of the Interior, Bureau of Mines, Washington D.C., 1269p

Twenhofel, W. H. 1997. O significado ambiental dos conglomerados. *Jornal de Petrologia Sedimentar* **17**, 119-28

Zata, A.I., Vahyala, I.E. e Bapetel, U. (2005). The Fertility Status of Some Soils in Girei Local Government Area, Adamawa State Nigeria.

Nigerian Journal of Tropical Agriculture 7: 262- 268.

APÊNDICES

Coordenadas geográficas dos locais de estudo

S/N	LOCALIZAÇÃO	PIT	X	Y	ELEV.
1	HOLLIN I	1	225208	1029443	197
		2	225255	1029440	196
		3	225289	1029439	200
		4	225323	1029460	206
		5	225345	1029463	205
		6	225384	1029472	204
		7	225409	1029501	203
2	HOLLIN II	1	225639	1029608	208
		2	225672	1029612	210
		3	225702	1029628	211
		4	225705	1029689	209
		5	225757	1029749	213
		6	225771	1029811	218
		7	225740	1029858	216
3	FOMBINA	1	225822	1031266	259
		2	225988	1031221	269
		3	226086	1031145	279
		4	225700	1031132	262
		5	225546	1031098	257
		6	225396	1031118	251
		7	225142	1031002	244

Coordenadas geográficas dos locais de estudo (continuação)

S/N	LOCALIZAÇÃO	PIT	X	Y	ELEV.
4	BM COPLX	1	224523	1032174	245
		2	224574	1032160	249
		3	224611	1032118	252
		4	224609	1032085	247
		5	224551	1032088	246
		6	224480	1032060	241
5	J LAMBA	1	233122	1051768	252
		2	233178	1051727	253
		3	233178	1051684	249
		4	233222	1051647	250
		5	233384	1051545	248
		6	233439	1051456	251
		7	233627	1051465	255
6	BAKALCHI	1	222192	1035795	207
		2	222208	1035865	202
		3	222232	1035891	201
		4	222295	1035822	203
		5	222236	1035797	205
		6	222231	1035755	204
		7	222170	1035759	206

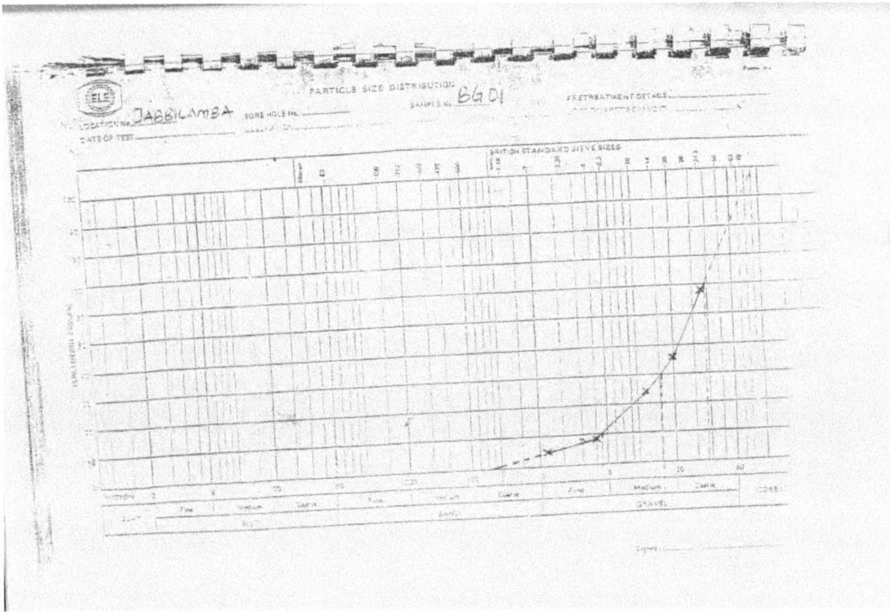
PARTICLE SIZE DISTRIBUTION
LOCATION No. JABBILAMBA
SAMPLE No. BG 01
BRITISH STANDARD SIEVE SIZES
CLAY
SILT
SAND
GRAVEL
Fine
Medium
Coarse

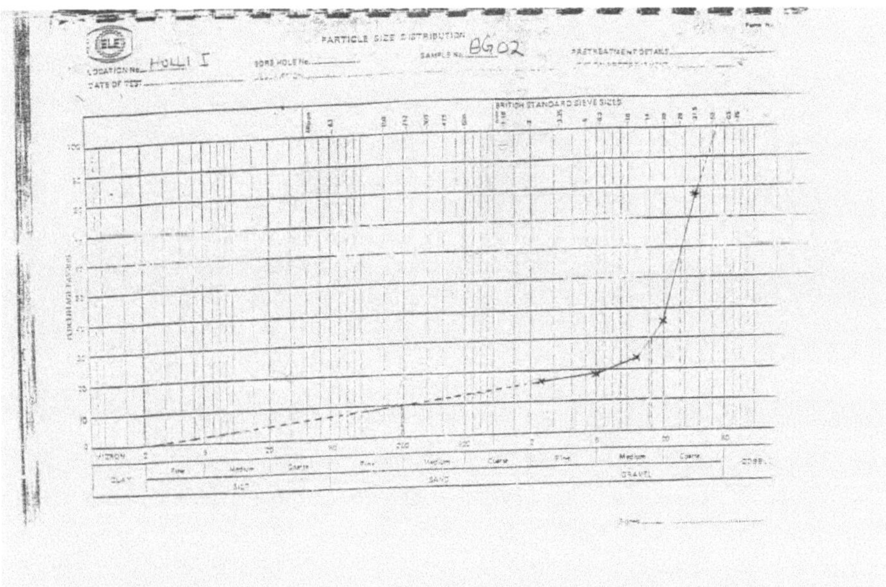
PARTICLE SIZE DISTRIBUTION
LOCATION No. HOLLI I
SAMPLE No. BG02
BRITISH STANDARD SIEVE SIZES
CLAY
SILT
SAND
GRAVEL
Fine
Medium
Coarse

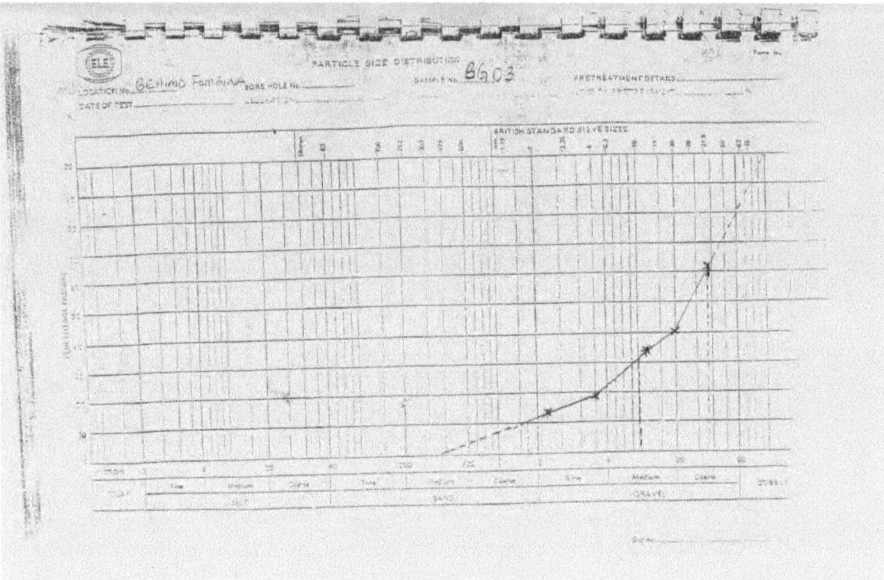
PARTICLE SIZE DISTRIBUTION
LOCATION No. BEHIMO Fontaina
SAMPLE No. BG03
BRITISH STANDARD SIEVE SIZES
CLAY
SILT
SAND
GRAVEL

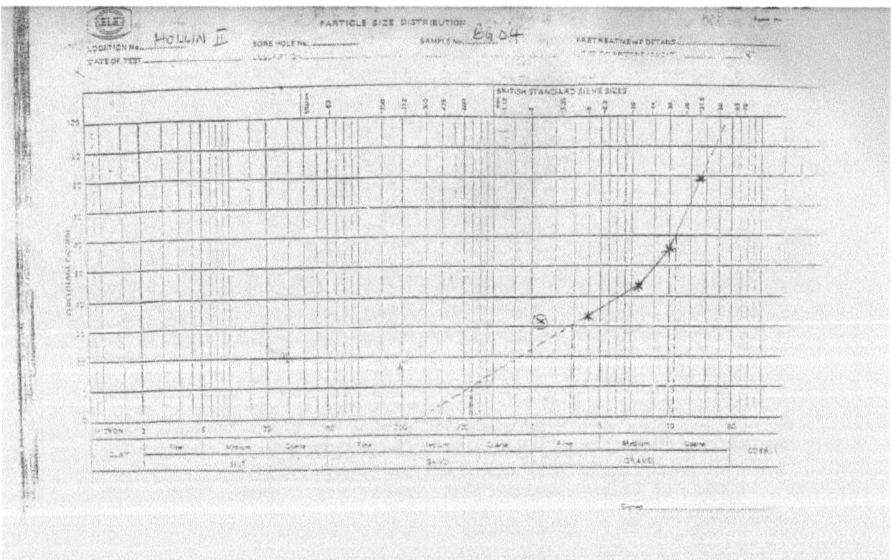
PARTICLE SIZE DISTRIBUTION
LOCATION No. HOLLIN II
SAMPLE No. BG04
BRITISH STANDARD SIEVE SIZES
CLAY
SILT
SAND
GRAVEL

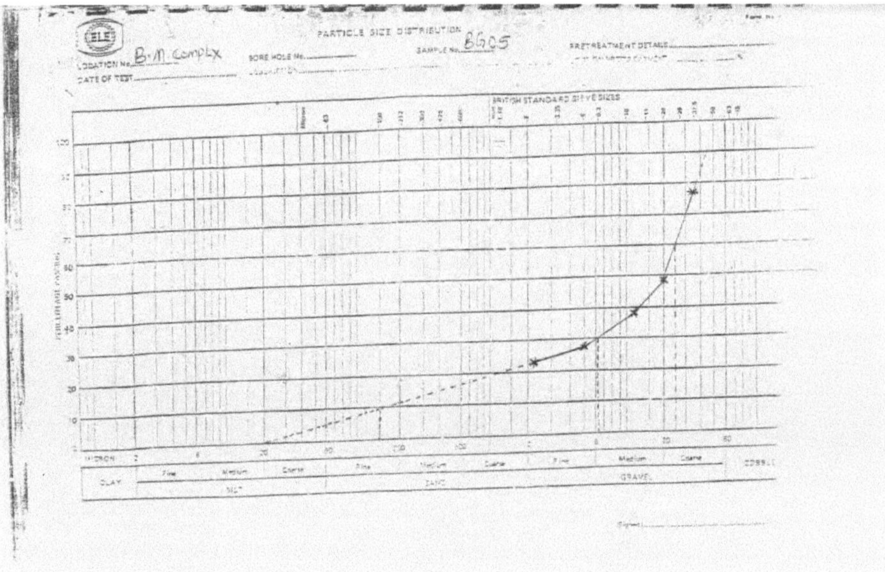
PARTICLE SIZE DISTRIBUTION
LOCATION No. B.M. Complx
SAMPLE No. BG05
BRITISH STANDARD SIEVE SIZES
CLAY
SILT
SAND
GRAVEL

MIX
Papier aus verantwortungsvollen Quellen
Paper from responsible sources
FSC® C105338

Printed by Books on Demand GmbH, Norderstedt / Germany